AF256619